만화로 배우는
불멸의 역사

만화로 배우는 불멸의 역사

초판 1쇄 발행 2022년 9월 30일

지은이 브누아 시마 / **그린이** 필리프 베르코비치 / **옮긴이** 김모 / **감수** 홍성욱

펴낸이 조기흠
기획이사 이홍 / **책임편집** 최진 / **기획편집** 이수동, 이한결
마케팅 정재훈, 박태규, 김선영, 홍태형, 임은희 / **제작** 박성우, 김정우
교정교열 책과이음 / **디자인** 이슬기
펴낸곳 한빛비즈(주) / **주소** 서울시 서대문구 연희로2길 62 4층
전화 02-325-5506 / **팩스** 02-326-1566
등록 2008년 1월 14일 제 25100-2017-000062호

ISBN 979-11-5784-618-4 03400

이 책에 대한 의견이나 오탈자 및 잘못된 내용에 대한 수정 정보는 한빛비즈의 홈페이지나
이메일(hanbitbiz@hanbit.co.kr)로 알려주십시오. 잘못된 책은 구입하신 서점에서 교환해드립니다.
책값은 뒤표지에 표시되어 있습니다.

hanbitbiz.com facebook.com/hanbitbiz post.naver.com/hanbit_biz
youtube.com/한빛비즈 instagram.com/hanbitbiz

L'Incroyable histoire de l'immortalité by Benoist simmat and Philippe Bercovici
Copyright ⓒ Les Arènes, Paris, France, 2021.
All rights reserved.
Korean Translation Copyright ⓒ Hanbit Biz, inc., 2022.
This Korean Edition is published by arrangement with Les Arènes, France through Milkwood Agency, Korea.
이 책의 한국어판 저작권은 밀크우드 에이전시를 통한 저작권자와의
독점 계약으로 한빛비즈(주)에 있습니다.
저작권법에 의해 보호를 받는 저작물이므로 무단 복제 및 무단 전재를 금합니다.

지금 하지 않으면 할 수 없는 일이 있습니다.
책으로 펴내고 싶은 아이디어나 원고를 메일(hanbitbiz@hanbit.co.kr)로 보내주세요.
한빛비즈는 여러분의 소중한 경험과 지식을 기다리고 있습니다.

만화로 배우는

교양툰

불멸의 역사

연금술사에서 사이보그까지, 인류는 어떻게 불멸에 도전하는가

글 브누아 시마 | **그림** 필리프 베르코비치 | **번역** 김모 | **감수** 홍성욱

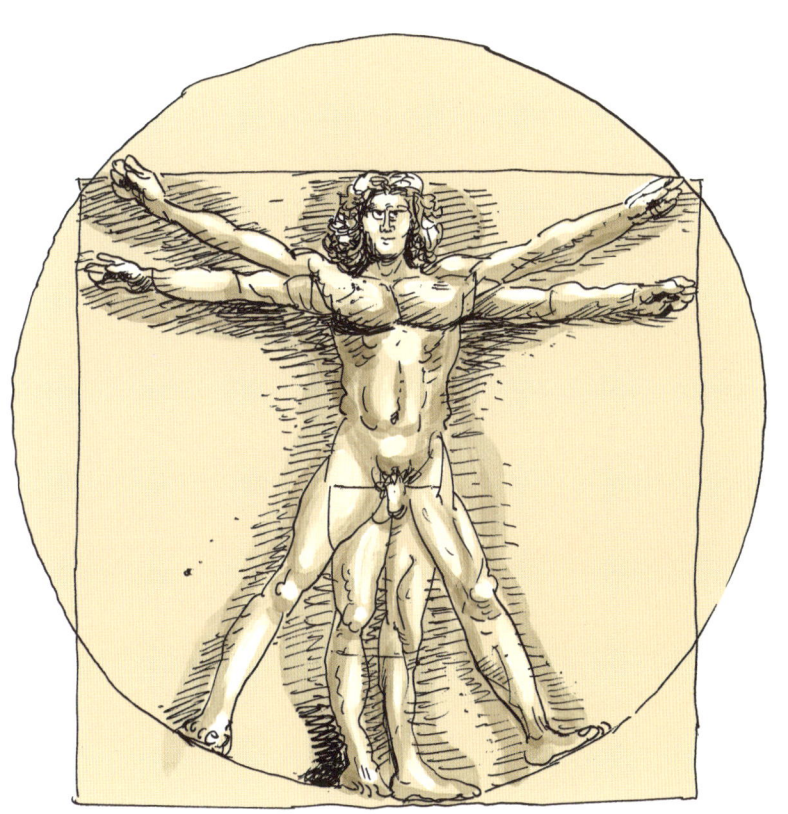

한빛비즈
Hanbit Biz, Inc.

들어가며

안녕하세요, 여러분. 반갑습니다.

제가 누구냐고요? 이래 봬도 꽤 유명한 사람입니다. 혹시 책이나 다큐멘터리, 영화, 연극, 아니면 만화에서 본 적 있지 않나요?

정보공학의 아버지, 현대 디지털 세계의 아버지라면 느낌이 좀 올까요?

물론 제 어머니의 자랑스러운 아들이기도 하죠.

흠…, 아무튼 바로 제가 이 책에서 여러분을 안내할 앨런 튜링입니다. 지금부터 여러분이 깜짝 놀랄 이야기를 들려드릴까 해요.

제 얘기는 아니니 걱정하지 마세요!

바로 불멸에 관한 이야기입니다. 여러분 모두 '불사신을 꿈꾼 사람' 이야기를 한 번쯤 들어보셨을 겁니다.

과학기술이 발달하면서 질병과 노화 그리고 인간 수명의 한계가 사라질 거란 이야기도 어디선가 읽어보셨을 거고요.

저 또한 과학을 통해 인간이 정신과 신체 능력을 개선할 거라 확신합니다!

과학기술을 통해 인간의 한계를 넘으려는 지적 운동을 바로 트랜스휴머니즘이라고 합니다. 머지않아 몸과 뇌의 무게를 벗어던진 인간인 트랜스휴먼이 탄생할지도 모릅니다. 그야말로 신인류의 등장이지요.

인류학자들은 트랜스휴머니스트가 진화의 사슬을 끊어낼 거라 예고합니다. 실로 엄청난 일이죠! 사실 휴대전화 통신사 하나 바꾸기도 쉽지 않으니까요.

파스칼 피크*는 트랜스휴머니즘에 대해 언급하면서 '전 인류적 혁명'이 끝없이 이어질 수 있다고 경고했습니다.

"진화에는 황금률이 적용됩니다. 진화에 성공한 종일수록 주변 환경을 더 많이 변화시키며 끊임없이 적응할 방법을 찾아냅니다."

• 파스칼 피크의 《인류의 새로운 시대》 참조 (167쪽 참고)

인간은 언제나 생물학적 한계를 뛰어넘어 불멸의 존재가 되길 꿈꿔왔죠.

트랜스휴머니즘은 우리가 생각하는 것보다 훨씬 오래전에 시작했답니다.

서구 문명만큼이나 말이죠! 그 때문에 인간을 죽음에서 멀어지게 하는 걸 목표로 삼은 종교적이면서 과학적인 이 운동을 살펴보려면 그천 년 전으로 거슬러 올라가야 합니다.

우리는 먼저 고대 로마의 신비주의 종파인 그노시스파와 아랍과 중세 유럽의 연금술사, 르네상스 시대의 과학자, 그리고 19세기 말에 등장한 우생학자를 살펴볼 겁니다.

이어서 인공지능과 트랜스휴머니즘 그리고 나노기술, 생명공학, 정보기술, 인지과학을 한자리에 모은 NBIC 융합기술처럼 현재 진행 중인 이야기 또한 파고들 겁니다.

그야말로 '트랜스휴머니즘의 대서사시'인 셈이죠.

놀라운 불멸의 역사는 수천 년 동안 이어져온 가능성의 역사이기도 합니다.

단순히 변화하는 기술의 역사가 아닌, 모든 인간은 죽는다는 명제를 뛰어넘으려고 한 인류의 역사이기도 하지요.

과학기술로 미래를 내다보는 사람들은 우주를 정복하려는 끝없는 도전을 인간의 숙명이라 봅니다. 이런 도전 정신이 바로 불멸의 역사를 만들었습니다.

자, 그럼 이쯤에서…

기원후로 막 접어든 이집트 알렉산드리아로 떠나며 우리의 여정을 시작해볼까요!

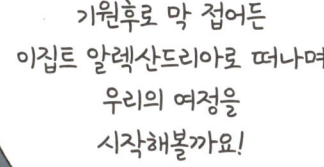

차 례

들어가며
5

Chapter 1
영원한 삶의 뿌리를 찾아서
11

Chapter 2
기계인간의 탄생
29

Chapter 3
우생학과 그 여파
49

Chapter 4
정보과학기술의 혁명
69

Chapter 5
엑스트로피언의 시대
93

Chapter 6
NBIC 기술 융합의 선구자들
113

Chapter 7
가팜(GAFAM) 파워
133

Chapter 8
새로운 종교?
153

참고문헌
167

Chapter 1
영원한 삶의 뿌리를 찾아서

이 놀라운 이야기는 먼 옛날 고대에서 시작합니다. 동로마제국의 전성기로 거슬러 올라가보죠.

기원후 2세기 로마제국

이 고대 이집트의 수도에서 매우 특별한 새로운 종파인 그노시스주의가 탄생했다.

"다 왔나요?"

"네, 오늘 여기서 성자이신 발렌티누스 교주님의 설교가 있답니다."

"어서 오세요. 곧 시작합니다."

기독교가 널리 퍼지기는 했어도 아직 로마제국의 공식 종교는 아니던 시대에 그노시스파는 기독교의 첫 번째 이단으로 등장했다. 이집트 출신인 로마 성직자 발렌티누스는 다른 몇 사람과 함께 그노시스파 교리를 세웠다.

"자, 교주님 근처로 모여 앉아주세요."

"저 양반 로마에서 쫓겨 왔대요!"

"그래서 고향 땅으로 돌아왔군요…"

그노시스주의는 인간이 몸에 신성한 불꽃을 품고 태어난다는 생각에서 출발했다.
이 신비로운 사실을 깨닫고 육체에서 벗어날 때 비로소 영원히 살아갈 수 있다고 믿었다.

인간은 살아 숨 쉬는 화로와 같습니다.
우리 안에 성스러운 불꽃이 순환하고 있지요. 다른 창조물과 달리
우리만이 지닌 이 특별한 불꽃을 잘 유지하고 발전시켜야 합니다.

마법사 시몬(1세기)

우리가 사는 이 세계는 진짜 세계의 환영일 뿐입니다.
이 신기루 혹은 거울을 건너면 진짜 세상에 도달할 수 있습니다.
우리와 늘 함께하는 근심과 걱정은 철에 스는
녹과 같습니다.

바실리데스(2세기)

카르포크라테스
(2세기)

모든 기억을 잃은 영혼은 다른 몸으로 이동합니다.
죽기 전 이미 모든 것을 경험했기에
육체는 더 이상 중요하지 않습니다.

• 저명한 그노시스주의 연구자 자크 라카리에르의 저서와 논문 내용 참조 (167쪽 참고)

메소포타미아 전설에 등장하는 영웅 길가메시는 불멸의 역사에서 아마도 가장 오래된 인물일 것이다. 기원전 3세기 후반에 태어난 반신반인이자 우루크의 왕이었던 길가메시는 친구인 엔키두의 목숨을 구하려고 불멸의 약을 찾아 떠나지만 소득 없이 돌아왔다.

인더스강 근처에서는 영원한 삶을 약속하는 신의 음료 '소마'가 유명했다.
그리스 신화에 나오는 넥타르나 암브로시아처럼 말이다.

중국을 처음으로 통일한 진시황은 불로장생의 꿈을 실현하고자 했다.
진시황은 도사인 서복을 동쪽 바다로 보내 신선이 먹는 영약을 찾고자 했다.

영혼은 순수하고 육체는 타락했다고 믿는 그노시스파의 '이원론'은 이후 많은 사상과 종교에 영향을 주었다.

역사상 가장 유명한 화학 실험인 연금술 또한
3세기 즈음 알렉산드리아에서 탄생했습니다.
연금술 역시 본질을 초월해 육체에서 영혼을 분리하고자 합니다.
이번에는 종교가 아닌 과학적인 방식으로 접근해보죠.

연금술의 역사에서 이집트 남부 파노폴리스 출신의 조시모스를 빼놓을 수 없다.
이 시대 연금술사 중 드물게도 조시모스의 연구는 오늘날까지 알려져 있다.

• 2세기에 마르키온이 그노시스파를 본떠 창시한 교파

이제 8세기 말
아랍 세계를 지배한 아바시드 왕국과
12세기 유럽 봉건 사회를
차례로 살펴보겠습니다.
이 시기에 활동한 연금술사는
당시의 최첨단 기술을 활용해
생명 연장의 가능성을
처음으로
탐색했습니다.

옥스퍼드
알렉산드리아
쿠파

현재 이라크에 해당하는 쿠파의 한 도시에 이슬람 문명에서 가장 유명한 과학자인 자비르 이븐 하이얀이 살고 있었다.
그는 8세기 아랍의 레오나르도 다빈치였다.

철학, 지리, 약학, 공학, 천문학뿐 아니라
자연학까지 두루 섭렵했습니다.

뻥 안 치고,
배울 수 있는 건 다 배웠어요.

이렇게 물질 속의 다양한 성분을 정교하게 분리하는 기술이 조금씩 발전하면서 원래 물질과 다른 장점이 있는 새로운 순수한 물질이 등장했습니다. 물론 실패할 때도 있었지만 갈수록 기술이 좋아졌지요.

자비르 이븐 하이얀을 비롯한 많은 아랍 연금술사가 쌓아 올린 지식은 12세기 들어 유럽에 전해집니다.

영국 성 프란체스코회 수도사 로저 베이컨은 아랍에서 건너온 연금술 지식을 바탕으로 맨 처음 불멸과 관련한 연금술 이론서를 완성했다.

"더럽게 녹슨 흔한 금속을 귀한 은이나 금으로 탈바꿈시킬 영약을 곧 손에 쥐게 될 것입니다. 또한 이 약으로 우리 몸의 모든 악을 몰아내 인간은 수 세기 동안 살게 될 것입니다." •

• 로저 베이컨의 자연과학 총서 《위대한 작품》에서 발췌 (167쪽 참고)

교회는 조금씩 연금술사들의 실험을 인정하기 시작했다. 성 프란체스코회 연금술사에게 영약을 개발하는 일은 인간의 한계를 뛰어넘어 모든 기독교인의 질병을 치료할 방법을 찾는 일종의 자선사업이었다.

중세 과학자 모두는 영원한 삶을 약속하는 영약을 개발하는 데 몰두했다.

아르노 드 빌뇌브, 의사이자 연금술사

영약으로 모든 지병을 고치게 될 겁니다. 이 약은 건강을 유지하게 할 뿐 아니라 젊음을 다시 찾고 모든 질병을 털어내고 독을 배출하고 혈관을 깨끗이 하고 상처를 치유하며 피를 맑게 해줄 것입니다. 한 달 아플 병이 하루면 낫고 1년 앓을 병이 3일이면 말끔하게 나을 겁니다. 모두를 위한 이 약은 비교 불가능한 수많은 보물 중에서도 가장 값진 보물이 될 겁니다.•

• 16세기 연금술 교과서였던 《철학자의 묵주》에서 발췌

중세 지식인 사회에서 영약 개발은 가장 중요한 문제였다.

레이몽 룰르, 신학자이자 연금술사

연금술은 각각의 치료법을 모두 모아 완성한 보편적인 의술과 같죠. 연금술로 타고난 성질을 바꿀 수 있습니다. 이를테면 평범한 돌은 보석으로, 값싼 금속은 해와 달•로 바꾸고, 병든 인간의 몸 또한 건강하게 만들 수 있죠.

• 금과 은

중세의 권력자는 연금술사에게 질병뿐 아니라 죽음과 같은 모든 악을 물리칠 약을 가져오라고 요구했다.
분쟁이 끊이지 않던 이 시대에 연금술사는 일종의 트랜스휴머니스트였다.
또한 연금술이 교리를 거스르지 않는다는 이유로 교회는 연금술사를 지지하기 시작했고, 곧이어 연금술을 전문으로 하는 성직자가 등장했다. 교황은 문제아로 통하던 연금술사 장 드 로끄따이야드도 교회로 불러들였다.

퀸트에센스라 불리는 가장 순수한 물질을 찾는 과정에서 알코올 증류 기술 또한 발전했다.•

• 이때 처음으로 알코올 도수가 높은 술이 등장했다.

권력자들은 궁정에 개인 연금술사를 고용하기 시작했다. 권력자와 연금술사의 연결 고리는 이후 수 세기 동안 이어졌다.

• 중세의 모든 연금술사가 찾던 신비한 힘을 가진 궁극의 돌

화학자와 같은 일을 한 중세 연금술사는 생각보다 더 놀라운 연구를 비밀리에 병행했다.
실험실에서 호문쿨루스라는 복제인간을 만들려 한 것이다.
위대한 의사이자 연금술사인 파라켈수스는 16세기에 이미 인조인간을 만드는 비법을 발견했다고 기록했다.

"먼저 인간의 정자를 완전히 썩은 말똥과 섞어 호리병에서 40일 동안 발효한 뒤 정자가 살아서 활발히 움직이다 못해 날뛰기 시작하면 다음 단계로 넘어간다. (…) 이 시기가 지나면 인간과 비슷하지만 형태가 분명하지 않은 투명한 무언가를 살펴볼 수 있을 것이다. 이제 이것을 매일 정성껏 돌볼 차례. 신비한 힘을 지닌 붉은 피를 조금씩 주입하면서 거름을 삭힐 때와 같은 온도에서 40일간 보관하면 여성의 몸에서 태어난 아기보다는 작지만 팔다리를 모두 갖춘 정말로 살아 있는 아기가 탄생한다."

• 1572년 파라켈수스 사후 출간된 《사물의 본성에 관하여》에서 발췌 (167쪽 참고)

Chapter 2
기계인간의 탄생

이후 알베르투스 마그누스는 기계인간을 완성했으나 토마스 아퀴나스가 스승의 발명품을 부숴 없앴다고 전해진다.

알베르투스는 그의 상상력 덕분에 위대한 인물로 남았다. 그는 신이 아닌 인간이 직접 살아 움직이는 존재를 만들 수 있을 거라 처음으로 생각한 사람이었다. 이때까지 고대 전설과 신화 속에서 생명은 완전히 신의 영역이었다.

고대 그리스 신화 속 아테네의 명장 다이달로스는 최선을 다해 조각상을 만들면 신이 조각상에 생명을 불어넣어줄 거라 믿었다.

대장간과 불의 신 헤파이스토스는 신성한 불꽃으로 마법 자동문과 로봇 시종을 만들었다. 올림포스 신들마저 감탄할 만한 재주였다.

또한 고대 이집트에는 사제가 불가사의한 힘으로 살아 움직이는 조각상을 봤다는 기록이 남아 있으며

유대교에는 랍비가 마력으로 거대한 점토 인형인 골렘에 생명을 불어넣었다는 전설이 전해 내려온다.

• 루도비코 스포르차(1452~1508): 이탈리아 밀라노의 공작이자 예술 후원자. 다빈치의 걸작 〈최후의 만찬〉 또한 후원했다.

인간의 몸이 어떻게 움직이는지 관찰하는 데 푹 빠진 천재 예술가 레오나르도 다빈치는
오랜 연구 끝에 그 유명한 인체 비례도를 완성했다.

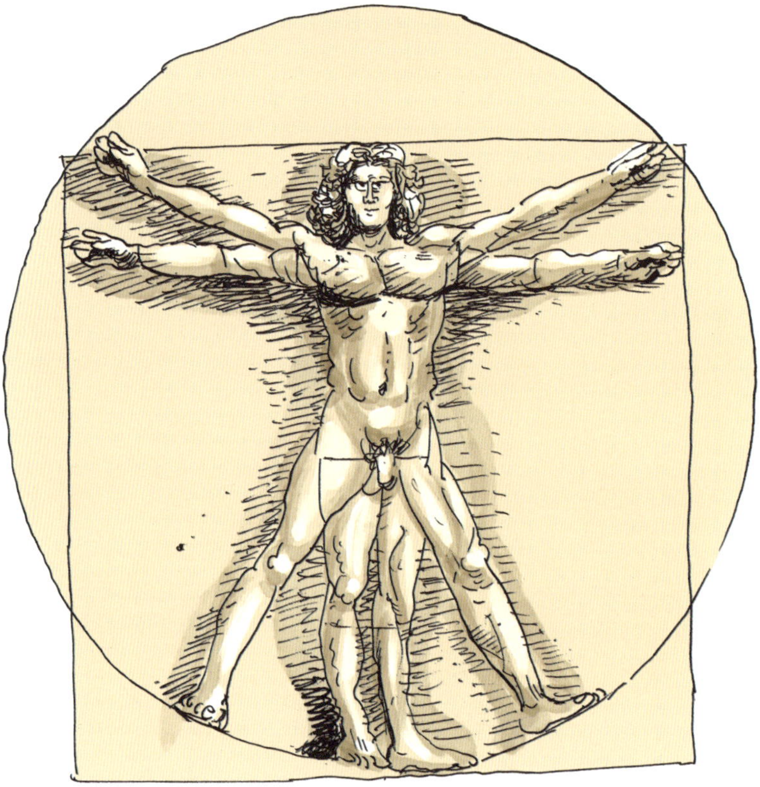

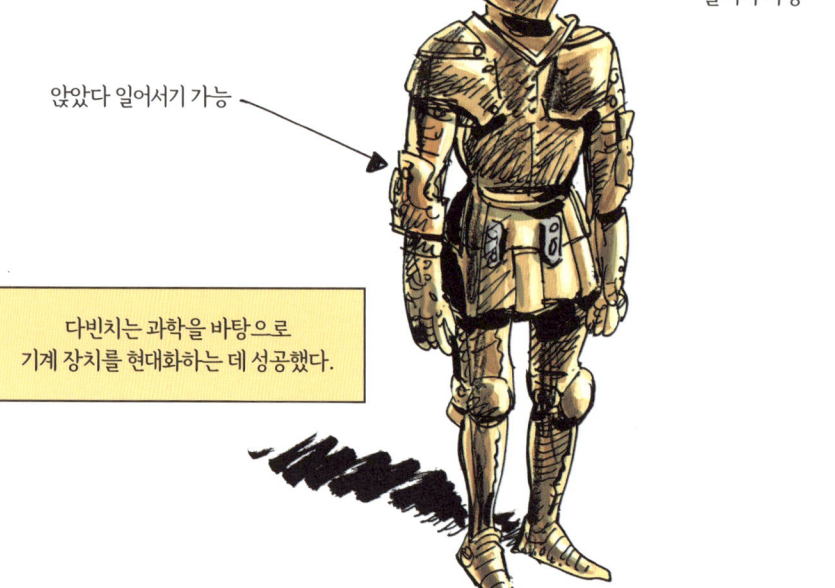

고개 숙이기나
돌리기 가능

앉았다 일어서기 가능

다빈치는 과학을 바탕으로
기계 장치를 현대화하는 데 성공했다.

르네상스 시대에는 '다시 일어난다'는 이름 그대로 과학과 탐험 분야가 눈부시게 부흥했다. 새 기술로 무장해 강력해진 유럽인들은 새로운 땅을 발견한다는 명목 아래 정복에 나섰다.

유럽

아메리카

'휴머노이드'의 발전과 함께 르네상스 시대를 대표하는 발명품도 등장했다.

인쇄술　　　　　천체망원경　　　　　소총

17세기 근대 철학의 아버지 르네 데카르트는 비교적 잘 알려지지 않은 저서인
《인간론》에서 인간과 기계의 관계를 정립했다.

"드디어 끝! 하지만 미치지 않고서야 살아생전에 출간하긴 어렵겠어."

교회의 반발이 두려웠던 데카르트는 논쟁 가능성이 큰 이 작품을 출간하지 않기로 했다.
데카르트는 이 책에서 인간의 육체를 열정과 기억, 기술과 같은 기능을 갖춘 기계에 비유했다.

"기관이 잘 갖춰진 기계는 이런 기능을 매우 자연스럽게 수행할 수 있습니다."

"평형추와 톱니바퀴로 이루어진 시계 같은 자동 장치의 작동 원리와 조금도 다를 바 없죠."

《방법서설》의 저자이기도 한 데카르트는 《인간론》에서
사람이 만든 기계와 여기에 영감을 준 인체가 기능 면에서 유사하다고 명확히 밝혔다.
데카르트에게 인간은 각 부품을 해체하고 다시 조립할 수 있는 기계와 다를 바 없었다.

"신 없이 인간 혼자 시계, 인공 분수, 제분기 같은 기계를 만들 수 있습니다. 이런 기계는 일단 만들어지고 나면 작동 원리를 따라 혼자 잘 돌아갑니다."

"기계가 움직이는 걸 보고 신이 개입했을 거라고 떠올리기는 어렵습니다. 반면에 인간을 두고선 신이 개입해 영혼을 얻었을 거라고들 생각하지요. 하지만 인간도 기계와 마찬가지입니다."

• 데카르트가 죽고 나서 출간된 《인간론》에서 인용

파리의 발명가 보캉송은 자동인형 셋을 완성해 역사에 길이 남았다.
자동인형의 등장으로 끊임없이 움직이는 기계도 만들 수 있을지 모른다는 희망이 처음으로 부풀어 올랐다.

첫 작품으로 여러 가지 곡을 연주하는 〈피리 부는 사나이〉를 선보인 뒤…

"공기 흐름을 따라 손가락이 악기 위에서 움직여 소리가 나도록 설계했습니다."

그다음으로 〈북 치는 사나이〉를 세상에 내놨다. 이 자동인형은 오른손으로 북을 치며 왼손으로 작은 피리인 갈루베*를 연주했다.

"브라보!"
"앵콜!"

* 남부 프랑스의 전통 민속 악기

마지막 대표작으로 〈소화하는 오리〉를 완성했다. 이 자동인형은 무려 2세기 앞서 등장한 다기능 로봇이다.

"지금 보시는 이 자동인형은 꽥꽥거리는 건 물론이고 물속에서 먹이를 찾아 먹고 마시고 소화해 배설까지 합니다. 진짜 오리와 별반 다를 것 없지요."

"지금 내가 뭘 본 거지?"

프랑스대혁명이 일어나기 전 계몽주의 시대 발명가 대다수는 로봇의 원형을 제작하느라 분주했다.
이때 등장한 기계 가운데는 어설프게나마 말할 수 있는 것도 있었다. 미칼 신부는 말하는 머리를 선보여 유명해졌다.

자, 상자 위에 있는 머리에 주목해주세요.
이 자동인형은 성대가 있어서 말할 수 있답니다.
공기가 팽팽히 당겨진 진동 막을 통과하면서
떨림을 만들어 사람 목소리와 유사한 소리를 내지요.

짐이 유럽에 평화를 허하노라.•

말하는 머리

• 말도 안 되지만 자동인형이 정말로 내뱉은 네 문장 중 하나이다!

'안드로이드'라는 말이 18세기에 처음 등장해 일상에서 쓰일 무렵,
디드로와 달랑베르는 《백과전서》에 보캉송이 만든 자동인형을 소개했다.

사람처럼 생긴 자동인형도
우리 백과사전에
꼭 넣자고.
다 썼나?

아니…
내가 글 뽑는
자판기인 줄 알아!

무르익어가는 지적 분위기 속에서
계산기도 처음으로 등장했습니다.
인간의 수학 능력 또한
복제 가능하다는 사실을 확인한
발명이었죠.

아주 유명한
사람이 계산기
발명에 앞장섰죠.
그 사람은 바로…

이런 분위기 속에서 영국의 수학자이자 발명가인 찰스 배비지는 원조 컴퓨터라 볼 수 있는 기계식 계산기를 선보였다.
당시는 아직 전기도 없던 때였다.

피곤하거나 졸려서 항해 도중 실수가 빈번하게 일어나지요. 작은 실수가 곧 큰 사고로 이어지기도 하고요.

기계식 계산기를 이용하면 천문학 또는 수학 계산을 실수 없이 처리할 수 있습니다. 특히 다항식 계산•에 유용합니다.

왕립천문협회

• 대수학에서 방정식을 풀 때 필요한 단항식의 합

같은 시기 세계 최초의 컴퓨터 프로그래머도 등장했다.
에이다 러브레이스의 업적은
여전히 정보과학 분야의 전설로 남아 있다.•

맞아요, 제가 바로 마침내 등장한 여성 천재죠!

• 훗날 존경의 뜻을 담아 1980년대 초
통합 컴퓨터 프로그래밍 언어에 '에이다'라는 이름을 붙였다.

젊은 백작 부인인 러브레이스는 수학에 특출했다.
이런 재능을 발휘해 러브레이스는
배비지가 기계식 계산기를 만드는 걸 도왔다.

유리수로 문제를 해결할 수 있겠어요.
베르누이 수도 가능할 것 같고요.

듣던 대로 정말이지 엄청난 천재야...

배비지가 해야 할 작업량은 엄청났다. 20세기에나 가능할 계산을 하려다 보니* 자그마치 2만 5천 개나 되는 퍼즐을 하나하나 직접 맞춰야만 했다. 배비지는 기계식 계산기의 설계도를 그리는 데 평생을 바쳤지만 끝내 완성하지 못했다.

후… 이 속도라면 30년은 족히 걸리겠군.

• 수학 마니아를 위한 보너스: 배비지의 기계식 계산기는 이론상으로 소수점 이하 20자리까지 정확하게 6차 다항식 계산을 할 수 있다.

에이다 러브레이스는 배비지와 진행한 공동 작업에서 영감을 받아 첫 학술 논문을 발표했다. 이 논문에는 계산 장치 속 프로그래밍 개념이 등장한다. 드디어 컴퓨터 코딩의 역사가 시작된 것이다.

"배비지의 장치는 스스로 결과를 낼 수 없다. 오직 인간이 요구한 작업만 수행할 뿐이다. 계산 장치는 분석 능력을 갖추고 있지만 상상력이 없어 상관관계나 진실을 파악할 수는 없다. 기계는 인간이 이미 잘 알고 있는 작업을 더욱 잘 수행할 수 있도록 도울 뿐이다."•

• 마리아니 진의 《트랜스휴머니즘에 속았다》에서 발췌 (167쪽 참고)

이게 바로 제가 꿈꾸던 장치입니다.
천공 카드 형태로 정보를 제공하면 제어장치를 거쳐 엔진•이 자동으로 계산을 처리합니다.
중간 또는 최종 결과는 저장장치에 보관할 수 있으며 인쇄도 가능합니다.

훌륭하네요.

• 여기서 엔진은 오늘날 컴퓨터의 중앙처리장치와 유사하다. 연산과 제어를 실행할 수 있는 칩인 마이크로프로세서라고 볼 수 있다.

정말 열정이 넘치던 시절이었습니다. 과학과 이제 막 시작한 자본주의의 필요성이 결합하며 휴머노이드와 기계 두뇌의 미래가 앞당겨집니다.

1818년 메리 셸리가 대표작 《프랑켄슈타인》을 발표합니다. 현대판 프로메테우스라는 부제가 붙은 이 작품에서 과학 정신이 투철한 의사가 자신이 직접 만든 기계인간에게 생명을 불어넣습니다.

이어 프랑스 소설가 오귀스트 빌리에 드 릴아당이 《미래의 이브》를 출간했다. 이 책은 과학자가 여성의 결함을 보완해 인조인간을 만든다는 이야기다.

19세기 초 처음으로 등장한 공상과학소설은 현대 트랜스휴머니즘 발전에 엄청난 영향을 미칩니다.

골턴의 연구는 곧 정치적으로 변해 자연 선택이 아닌 인공 선택을 통해 영국 사회를 개선하는 것을 목적으로 삼았다. 이렇게 해서 우생학이 등장했다.

"우생학은 인류 개량에 이바지하는 학문으로 바람직한 결합에는 관여하지 않는다. 다만 인간 사회에 우수한 형질이 열악한 형질을 앞서서 증식할 수 있도록 환경을 조성하는 데 기여한다."•

한 가지 분명히 하자면 처음에 골턴은 인종을 사회 각 계층에 속한 사람을 구분하는 말로 사용했습니다. 그러나 훗날 이 단어는 인간종의 여러 전형을 구분하는 말로 쓰이죠.

• 도미니크 오베르 마슨의 《우생학의 창시자 프랜시스 골턴》에서 인용 (167쪽 참고)

골턴은 순종 교배를 모범으로 삼아 지식인과 천재의 수를 늘리자는 목표를 세웠다. 영국을 유전적 퇴보에서 구해내겠다는 명분이었다.

영국 시민을 개선하는 일은 어려울 게 하나도 없습니다. 순종 말 교배와 마찬가지로 유전적으로 우월한 인종만 자손을 이어가면 됩니다.

토리당•이 좋아할 만한 소리군요…

• 19세기 영국의 보수당

훗날 실리콘 밸리가 탄생한 미국 캘리포니아 지역 대학의 유명 교수들도 우생학을 열렬히 지지했다. 스탠퍼드대학교 심리학과 루이스 터먼 교수는 대표적인 우생학 지지자다.

"좋은 머리는 타고나는 것이며 똑똑한 사람 중엔 백인이 많습니다.• 제가 발명한 아이큐 검사로 이 말을 증명해 보이겠습니다."

또 다른 대표 지지자로 데이비드 스타 조던이 있다. 조던은 생물학자이자 작가로 활동하며 오랫동안 스탠퍼드대학교 총장을 역임하기도 했다.

"아시아계 이민자가 급격히 불어나 캘리포니아인의 지적 수준이 떨어질 위기에 놓였습니다."

• 파비앙 브누아의 《실리콘 밸리》에서 놈 코헨의 말 인용 (167쪽 참고)

루이스 터먼 교수의 아들 프레더릭 터먼은 인류 개선에 강박적으로 매달리는 분위기 속에서 실리콘 밸리의 포문을 열었다.

"스탠퍼드대학을 세운 릴런드 스탠퍼드가 공화당 캘리포니아 주지사였던 거 알고 있나?"

"열렬한 백인 수호자였지…"

나중에 보게 되지만, 미래 트랜스휴머니즘의 요새인 실리콘 밸리에는 시대를 빨리 읽는 눈이 기술 저변에 깔려 있다.

"우리 아버지는 지적으로 우월한 계급이 대대로 사회를 이끌어가길 바라셨습니다."

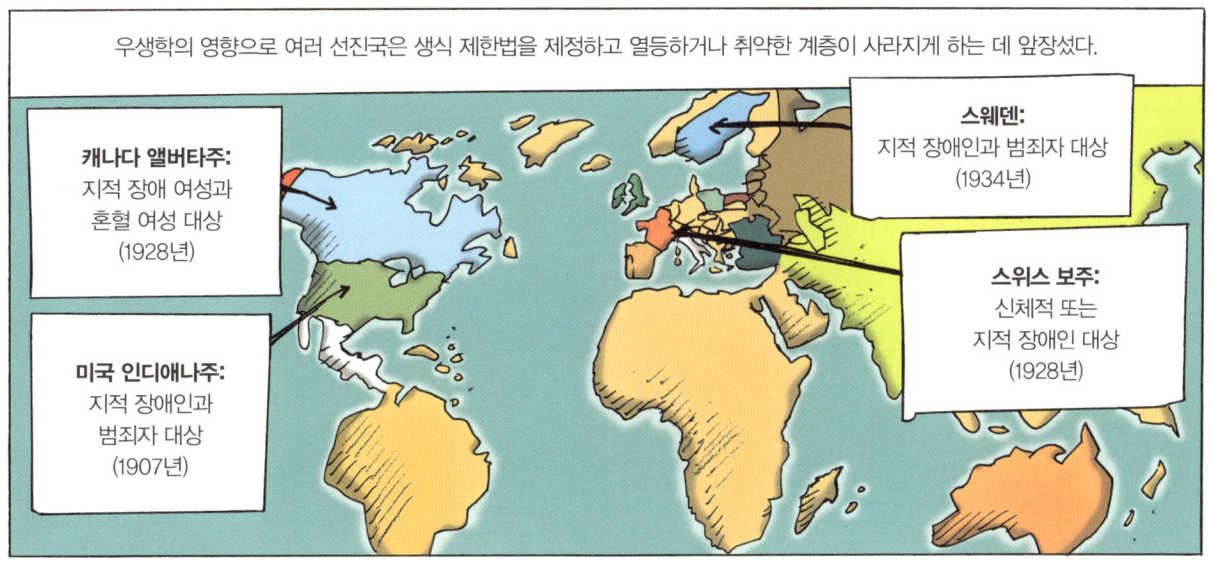

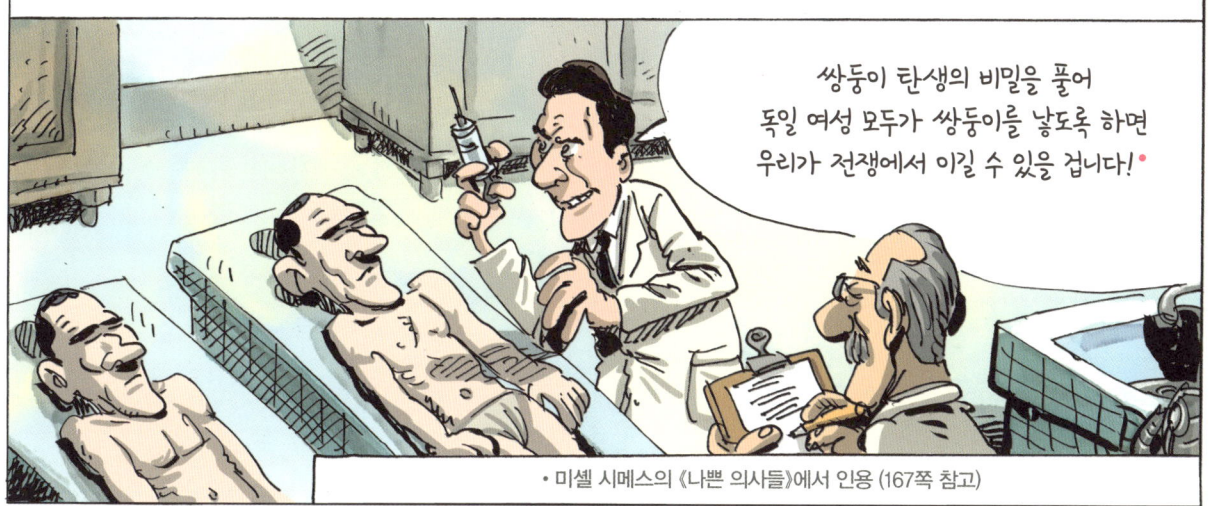

• 미셸 시메스의 《나쁜 의사들》에서 인용 (167쪽 참고)

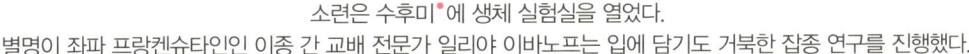

같은 시기 프랑스에서 피에르 테야르 드 샤르댕은 현대 트랜스휴머니즘의 기초를 닦는 데 고심하고 있었다.
예수회 수도사인 샤르댕은 중국 베이징 근처에서 진행한 고생물학 연구로 전쟁 전 과학계에서 꽤 유명했다.

보나마나 이것도 구석기 화석 인류군.

후… 또 나왔네. 여기 파보자고 한 사람 대체 누구야! 피곤해, 정말.

성직자로 더 잘 알려졌지만 사실 샤르댕은 자연철학자로서 시대를 앞선 주장을 펼쳤다.

"우주의 신비로 가득 찬 우주의 동반자로서 뭐든지 할 수 있다고 믿어야 한다. 하늘에서처럼 이 땅에서도 마찬가지로 높은 목표를 가지고 아직 아무도 해내지 못한 일에 도전해야 한다. 그러려면 하느님의 충직한 종으로 사는 동시에 과학에 관심을 기울여야 한다. 오직 과학만이 우리를 구원할 것처럼. (…) 물질을 더욱 잘 다루든 생명의 신비를 밝혀내든 과학은 어느 쪽으로든 진보할 것이다. 그러나 과학을 두려워할 필요는 없다. 논리적으로 생각할 때 과학 발전 때문에 우리 사회가 어지러워질 리 없으니까 말이다. 오히려 과학이 발전할수록 도덕과 종교 측면에서 어떻게 사는 게 올바를지 더 많이 고심하게 될 것이다."

집필은 끝났지만 출간은 쉽지 않았다. 철학적 통찰이 빛나는 이 작품은 1955년 샤르댕이 죽고 나서야 세상에 등장할 수 있었다.

"우리 삶에 과학이 점점 더 많은 자리를 차지하는 흐름은 상상도 유행도 또한 우연도 아니다. 이런 모습은 아이가 어른이 되는 것처럼 인간의 주도 아래 지구에서 생명이 진화하면서 겪는 피할 수 없이 자연스러운 과정이다."

샤르댕은 인간의 운명을 자주 언급했다. 샤르댕에 따르면 인간은 과학기술로 완벽해질수록 본능에서 멀어질 운명이었다.

"단순히 사는 데 머무르지 않고 더 나은 미래를 위해 인류가 노력한 결과 과학이 발달했다. 살아남는 것을 뛰어넘어 유례없이 '더 잘 살아가기 위한' 인류의 노력은 계속될 것이다." •

• 1968년 출간한 피에르 테야르 드 샤르댕의 《더 나은 인류》에서 인용 (167쪽 참고)

Chapter 4
정보과학기술의 혁명

이제 트랜스휴머니즘의 핵심을 파고 들어가볼까요. 정보과학기술이 문명 세계에 등장하면서 우리는 가까운 미래에 지금껏 인류가 넘지 못한 벽을 뛰어넘을 수 있을지도 모른다는 예감을 처음 맛보게 됩니다.

정보과학기술은 바로 폴란드에서 시작합니다. 폴란드는 제2차 세계대전이 시작하기 전 스파이와 첩보 작전이 활개 치던 곳이지요. 벌써 흥미진진하지 않나요?

1931년, 폴란드는 군사 협력 관계인 프랑스의 도움으로 독일의 에니그마 설계도를 손에 넣었다.
수수께끼라는 뜻의 에니그마는 당시 혁명에 가까운 전자기기였다.

프랑스 비밀 요원 덕분에 이 막강한 기계 설계도를 마침내 입수했습니다. 메시지를 자동으로 암호화하는 엄청난 장치지요.

좋았어. 암호를 해독해주면 침공에 대비할 계획을 세우도록 하지.

1920년대 독일의 전기공학자 아르투어 세르비우스가 에니그마를 발명하자 독일군은 곧바로 에니그마를 군사 장비로 투입했다.

간단히 말해 지금 보시는 이 장치만 있으면 전기 신호를 사용해 메시지를 자동으로 암호화할 수 있습니다.

?!

이해는 잘 안 가지만 괜찮아 보이는데…

이것만 있으면 천하무적이겠어… 우리가 딱 원하던 거야!

• 코드를 해독하는 데 필요한 계산을 연속해서 할 수 있는 기초 단계의 컴퓨터

오늘날 거의 잊혔지만 정보과학 분야에 누구보다 혁혁한 공을 세운 폴란드인 동료 레예프스키에게 잠시 경의를 표하고 넘어갑시다.

여러분, 이제 몇 주 후 폴란드는 사라질지도 모릅니다. 히틀러에게 맞서 이것들을 부디 잘 사용해주세요.

1939년 8월 초, 독일이 폴란드를 침공하기 한 달 전, 파리 르부르제 공항에서 폴란드 암호국은 그간의 모든 연구 성과를 프랑스 정보국에 넘겼다.

이어 에니그마 복제품은 프랑스에서 영국으로 넘어갔다. 프랑스 배우 커플인 사샤 기트리와 이본 프랭탕이 에니그마 운반 임무를 맡았다.●

여보, 서둘러요. 전 세계인이 자유를 누리며 살 수 있을지 말지가 우리 손에 달렸어요!

대사 한 번 치는데 이렇게 기진맥진하긴 처음이에요!

● 역사학자 사이먼 싱의 《비밀의 언어》 참조 (167쪽 참고)

1939년 9월 1일, 독일군은 폴란드에 쳐들어갑니다. 역사상 사람이 가장 많이 죽은 전쟁이 이렇게 시작되지요. 그러나 전쟁은 인류 역사에 새바람을 불어넣기도 합니다. 이 전쟁으로 인해 정보과학기술이 등장했죠.

누구도 기대하지 않았지만 전쟁의 포화 속에서 트랜스휴머니스트의 꿈이 현실이 되기 시작합니다.

이번엔 모두 한 번은 들어봤을 유명한 이야기다.
영국군은 버킹엄셔에 있는 블레츨리 공원에 천재들을 불러 모아 전쟁 상대국인 독일의 암호를 해독할 기관을 만들었다.
당시 영국 총리인 처칠은 이 암호 해독 기관에 막대한 지원을 퍼부었다.

야, 여기야!

하하! 조심해!

아이고 세상에...
그래도 명색이 국방부 소속인데
제복 정도는 입혀야지 원.

이 기관에 모인 사람 중엔 저처럼 당시에는 유명하지 않은 천재도 있었답니다.
제가 현대 정보과학기술을 선도하게 될지 저 당시에는 아무도 몰랐죠.

1936년, 막 24살이 되던 해, 복잡한 계산을 간단한 방식으로 분석해 해결하는 연산 장치에 대한 논문을 썼습니다.• 여기 소개한 계산 이론이 기술 면에서 컴퓨터의 토대가 되었죠.

배비지의 계산기도 훌륭했지만 20세기에 발맞춰 전기를 사용하는 새로운 기계를 고안해보았답니다.

• 〈계산 가능한 수와 결정 문제의 응용에 관하여〉

블레츨리 공원에서 암호 해독 장치인 1세대 튜링 봄브가 탄생했다.
레예프스키의 장치보다 훨씬 강력한 이 초고속 계산기는 에니그마의 암호를 엄청난 속도로 해독했다.

잘 돌아가죠? 그래도 아침마다 설정값을 다시 넣어줘야 합니다. 독일 놈들이 매일 자정에 암호 체계를 전부 바꾸거든요.

쩝… 가만히 앉아 손가락만 까딱하고 싶었는데 온종일 바퀴나 돌리는 신세라니요…

튜링의 발명품 덕에 독일 나치군에 맞서 연합군은 승리의 시기를 크게 앞당겼다.
독일군은 연합군이 암호 대부분을 해독하고 있을 거라고는 조금도 눈치채지 못했다.

장군님, 블레츨리 공원에서 미군 154그부대를 쫓는 나치 잠수함이 모여 있는 위치를 전달받았습니다.

좋았어. 부대는 해산시키고 독일군이 의심하지 않도록 잠수함은 격침하지 말고 그대로 두도록.

1946년 제2차 세계대전이 끝나고 컴퓨터의 역사가 공식적으로 시작됐다.
펜실베이니아대학의 두 천재가 에니악*을 내놓으며 최초로 100퍼센트 전자식 진공관 컴퓨터의 탄생을 알렸다.

진공관 1만 8천 개

다이오드 7천200개

손으로 하나씩 5백만 번 용접해 조립을 끝냈습니다.

전열선 7만 개

50평이나 차지하는 기계라니 엄청나네요.

축전지 1만 개**

미군이 재정 지원을 했기에 가능한 일이죠. 이건 100퍼센트 군사용입니다.

• 존 모클리와 프레스퍼 에커트가 완성한 전자식 숫자 적분 계산기

영국에서도 연구가 이어졌습니다. 1949년부터 저는 맥스 뉴먼과 함께 최초의 프로그램 내장식 컴퓨터인 맨체스터 마크 I 개발에 들어갔죠.

미국에서는 1951년에 에니악의 후속 모델로 유니박***을 내놓았죠. 유니박은 기업과 정부 기관에 들어간 최초의 상업용 컴퓨터입니다.

1950년에 출간된 만화 《달탐험 계획》에도 대세를 따라 컴퓨터가 등장합니다. 못 믿겠으면 직접 확인해보세요!

앨런 튜링

존 폰 노이만

에르제(유럽 만화의 아버지)

•• 파비앙 브누아의 《실리콘 밸리》 참조 (167쪽 참고)
••• 범용 자동 컴퓨터

정보과학기술을 선도하던 과학자 모두는 컴퓨터와 함께 놀라운 미래가 펼쳐질 거라 확신했다.
이런 믿음 속에서 조셉 칼 리클라이더가 처음으로 컴퓨터 네트워크를 선보였다.

• 반자동 방공조직(Semi-Automatic Ground Environment): 컴퓨터를 주체로 하는 미국의 방공 시스템

• 다르파의 전신

인터넷 기술 덕분에 미래 트랜스휴머니스트들은 기초가 되는 뼈대를 세울 수 있었다.
1970년대 인터넷 네트워크의 핵심 규약인 티시피/아이피(TCP/IP) 또한 등장한다.

이 통신 규약을 사용해 컴퓨터 네트워크를 연결하고 정보를 주고받을 수 있어.

이게 가능해?

여기 보스턴이야.
메시지 잘 받았고
이제 여기서 보내볼게.

1970년대 인터넷은 과학자들만 모여 있는 놀이터였다. 비트 세대의 영향을 받은 젊은이들은 정치와 사회에 반항하며 자유를 찾는 청춘을 그린 잭 케루악의 소설을 읽고 마약에 손대느라 바빴다.

일단 읽고 약을 하라니까!

다 같이 멀리!

같은 시기에 공상과학소설이 크게 유행했다.
이 새로운 장르는 사회 변화와 컴퓨터 혁명 사이의 연결 고리 역할을 했다.
미국의 인기 작가 로버트 앤슨 하인라인*은 과학자들에게 많은 영향을 미쳤다.

거미 박멸 중인데 혹시 지나가던 거미 보셨나요?

• 미국의 아이작 아시모프와 영국의 아서 찰스 클라크와 함께 공상과학 장르 3대 거장 중 한 명이다.

Chapter 5
엑스트로피언의 시대

이제 현대 트랜스휴머니즘을 실제로 설계한 사람들을 만날 차례입니다.

공상과학소설에서 출발해 트랜스휴머니스트 네트워크가 처음으로 만들어졌습니다.

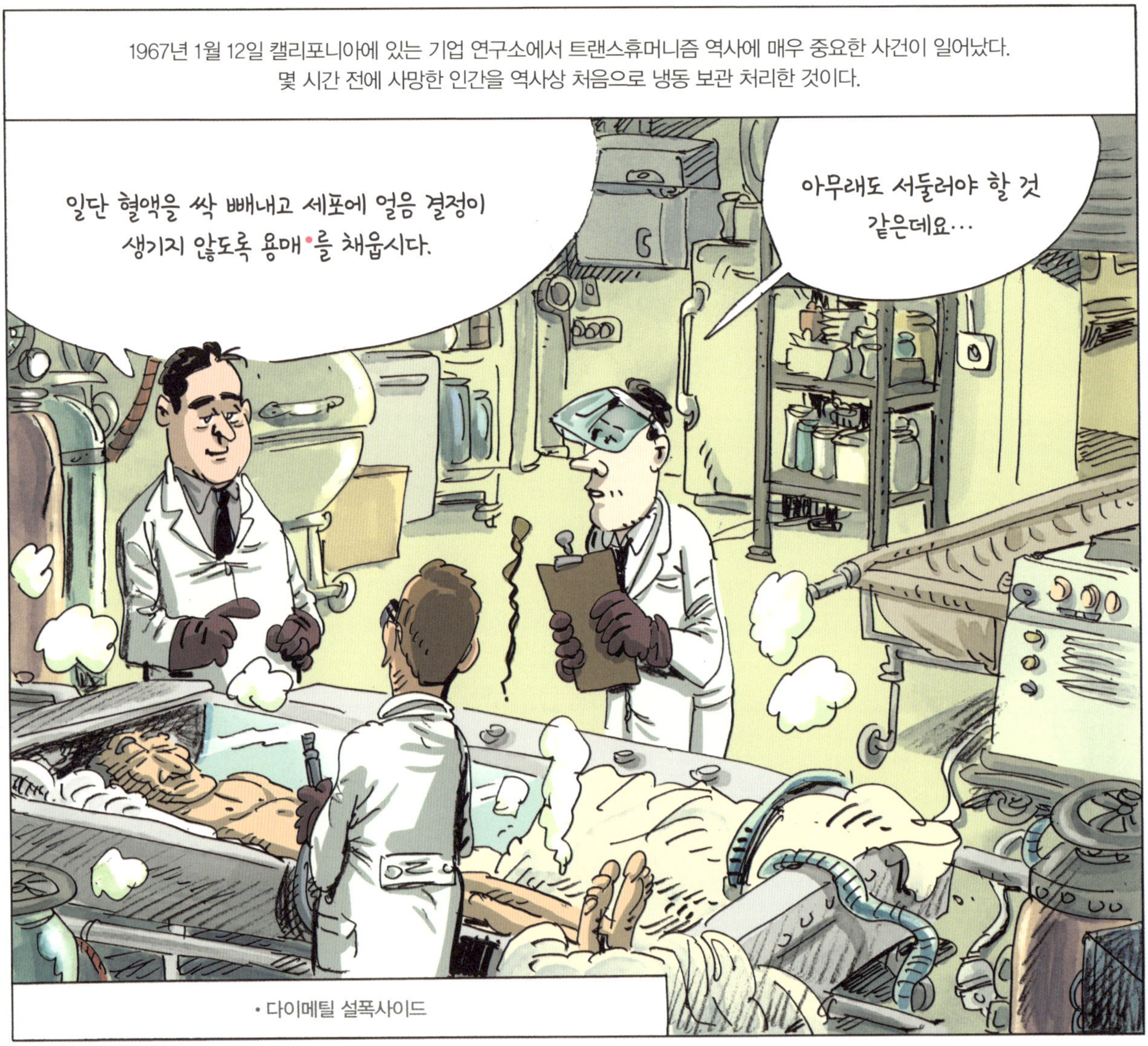

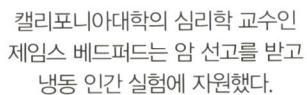

로버트 넬슨은 동면이론을 처음으로 기술한 책에서 영감을 받아 냉동 인간이라는 새로운 역사를 열었다. 뛰어난 미래 사상가인 작가 아이작 아시모프도 동면이론을 읽고 편집자 친구에게 추천했다.

굉장히 흥미로운 데다 설득력도 있어. 출판해보는 게 어때?

대학에서 일하던 로버트 에틴거는 인체 냉동 보존에 관한 이론을 최초로 정립하고 1964년 《냉동 인간》*을 펴내 유명해졌다.

제 책에 아이작 아시모프 추천사가 들어간다고요?! 완전 좋아요!!!

• 에틴거는 먼저 1962년에 자비 출판으로 《냉동 인간》을 펴냈다. (2011년 국내 출간)

에틴거는 비영리 조직인 냉동보존연구소를 세우고 미래 지향 기술을 알리는 데 앞장서 냉동 인간의 아버지로 역사에 남았다.

몇 년 안에 냉동 보관을 원하는 미국인이 수백 명으로 늘어날 겁니다. 우리는 냉동 보존 기술 발전을 지원하려고 이 자리에 모였습니다.

같은 시기, 냉동 인간만큼 파격적인 또 다른 아이디어로 과학계가 술렁였습니다.

두 미국인 과학자가 위대한 미래를 약속하려고 대중 앞에 섰다.
이 자리에서 기계와 인간을 물리적으로 결합한 사이보그 개념이 처음 등장했다.

"어째서 달에 가기 위해 우주복을 입고 산소통을 준비해야 하나요?"

"인간이 지구 밖에서 살 수 있도록 아예 본성을 바꾸는 건 너무 어려울까요?"

맨프레드 클라인즈와 네이선 클라인은 이런 엉뚱한 생각을 바탕으로
인간이 어떻게 우주에서 살아갈 수 있을지 모색했다.

이 듀오는 〈사이보그와 우주〉라는 논문을 작성해 항공우주 분야에서 권위를 자랑하는 〈아스트로노틱스〉 저널에 실었다.*

"사이보그(Cyborg)는 인공두뇌학(cybernetic)과 유기체(organism)를 합친 말입니다."

"외부 장치의 도움을 받아 자기 조절 기능을 확장하면 낯선 환경에 더 쉽게 적응할 수 있을 겁니다."

* 1960년 9월 호

• 1968년 필립 킨드레드 딕이 쓴 소설 《안드로이드는 전기양의 꿈을 꾸는가?》(2013년 국내 출간)를 1982년 리들리 스콧이 영화화했다.

상상이 날개를 펼치는 분위기 속에서 자칭 트랜스휴머니스트가 처음으로 대중 앞에 나섰다. 이란 국가 대표 농구 선수 출신으로 국제기구에서 일한 적 있는 이란계 미국인 프레이둔 M. 에스판더리가 바로 그 주인공이었다. 에스판더리는 1973년 《업 윙거: 미래주의 선언서》를 출간하고 활동을 시작했다.

비관론자와 냉소주의자를 그냥 무시하세요. 패배자들일 뿐이니까요. 패배자들의 이야기에 귀 기울였다면 우린 아직도 동굴에 살고 있을 겁니다. 낙관주의에 내일이 있습니다. 비관주의를 몰아냅시다.•

'업 윙거'는 미래를 내다보는 사람을 의미합니다. 반대로 '다운 윙거'는 기술 발달을 비판하는 사람이죠. 에스판더리의 등장 이후 진보와 보수 하면 한물간 정치 이념 분쟁 대신 과학기술 찬반을 떠올리게 됐습니다.

저자 사인회

UP WINCERS 업 윙거
미래주의 선언서
F. M. 에스판더리

• 《업 윙거》 서문에서 발췌

1972년 프레이둔 에스판더리는 미래형 이름을 처음으로 시도했다.• 미래형 이름은 훗날 트랜스휴머니스트 사이에 크게 유행한다. 트랜스휴머니스트에게 개명은 인간의 기본적인 신체 조건과 전통적인 사회 환경과의 결별을 의미했다.

절 FM-2030으로 불러주세요. 이제부터 이게 제 공식 이름입니다!

제가 100살이 되는 해인 2030년에는 새로운 인류가 탄생할 거라 믿습니다.

• 프랑크 다무르의 기사 "트랜스휴머니즘은 종교에 어떻게 스며들었나" 참조 (167쪽 참고)

1980년대 초,
FM-2030은 비공식 트랜스휴머니즘을 이끌었다.
이때 트랜스휴머니스트에 관심 있는 이들은
세 그룹으로 나뉘었다.

머지않아 고통을 느끼지 않도록 설계된 장기가 우리가 가지고 태어난 장기를 대신할 겁니다. 트랜스휴먼의 시대가 밝아오고 있습니다!

첫 번째는 1979년 이후
캘리포니아대학교에서 공부한
학생들 그룹이다.

신체와 정신 모두가 한 단계 올라선다면 여러모로 유용할 겁니다. 언젠가 우주로 이사할 때도 도움이 되겠죠.

아가미가 생겨 가니메데*의 대양으로 쫓겨나지만 않는다면 나쁠 것 없죠.

두 번째는 우주 식민지 지지자 그룹이다. 우주여행의 선구자
존 스펜서가 이끄는 로비 그룹 'L5'가 대표적이다.

• 목성의 가장 큰 위성으로 광활한 소금 바다가 있다.

트랜스휴머니즘 지지자들 중 첫 번째 스타 커플이 탄생했다. 바로 FM-2030과 낸시 클라크가 그 주인공이다.
클라크는 영화 업계 거물의 딸이자 L5 그룹의 열정적인 활동가였다.

"자기도 이름을 바꾸는 게 어때? 좀 더 미래 지향적인 스타일로!"

"적어도 당신과 함께라면 미래를 좀 그릴 수 있겠어. 그럼 자기 곁에서 태어났단 의미로 '나타샤'로 할게."

현대 트랜스휴머니즘을 이끄는 나타샤 비타 모어는 바로 이렇게 탄생했다.

낸시 클라크는 미국 서부 해안에서 청소년기를 보내며 '플라워 파워' 혁명에 가담했다.
이 히피 운동을 선도한 티모시 리어리는 미국에 강력한 환각제인 LSD를 들여오기도 했다.
많은 트랜스휴머니스트들은 히피와 같은 방식으로 사회 혁명을 꿈꿨다.

"의식이 확장되는 게 느껴지나요? 여러분, 우리 다 같이 취해봅시다."

"어쩌면 다른 방법도 있지 않을까…?"

"같이 취하세, 친구…"

1992년 맥스 모어와 그의 추종자들은 엑스트로피언협회*를 설립했다.
캘리포니아주의 서니베일에서 전국 규모 회담인 '엑스트로'를 여는 게 첫 번째 과제였다.

"'상승'**이 우리 운동의 키워드인 걸 명심해서 널리 퍼뜨려주시길 바랍니다."

"우리 미국인이 새로운 기술로 인간을 이롭게 하지 않는다면 누가 이걸 할 수 있겠어?"

* 알코르재단 체임벌린 부부의 타호 호수 수명 연장 축제를 기반으로 했다.

** 개선, 증가, 강화 등의 의미로 볼 수 있다.

1990년대 들어 엑스트로는 전 세계 트랜스휴머니스트가 모이는 연례행사가 되었다.
수많은 지지자가 엑스트로에 참석해 자리를 빛냈다.

마빈 민스키
인공지능 개척자

할 피니
컴퓨터 프로그래머

그레그 베어
공상과학소설가

마크 S. 밀러
하이퍼텍스트 전문가

리 다니엘 크로커
위키피디아 공동창업자

줄리언 어산지
해커

빌 조이
컴퓨터 과학자

베너 빈지
공상과학소설가

엑스트로피언 구성 요소

맥스 모어는 다양한 분야에서 아이디어를 얻어 엑스트로피언 정신을 체계화했다.
이 사상은 철학, 심리학 또는 자기계발에 관한 종합 이론이라 볼 수 있다.

로버트 에틴거의
냉동 인간 종말론

아인 랜드*의 자유주의

에이브러햄 매슬로**의
초개인심리학

FM-2030의
포스트 휴머니티

엑스트로피언 정신은 새로운 기술로 육체와 영혼을 완전히 바꾸는 걸 목표로 합니다. 이렇게 해서 트랜스휴머니즘이 탄생했습니다!

* 자유시장 경제를 찬양한 미국 작가. 극단적 개인주의 사상가이기도 하다.
** 미국의 유명 심리학자. 인간 욕구 5단계론을 제안했다.

1990년대 들어 대중은 급격한 기술 발전의 혜택을 누리기 시작했다.
빌 클린턴과 앨 고어는 정보 대중화라는 명목으로 인터넷을 전 세계에 알리는 데 앞장섰다.

이제 전자우편으로 지지자들과 더욱더 쉽게 소통할 겁니다.

거참 대통령 각하! 여자랑은 적당히 좀 소통하세요! 덕분에 지구촌이 후끈후끈…

지구 환경을 본뜬 거대한 격리 공간인 바이오스피어 2가 애리조나에 문을 열었다. 화성과 비슷한 조건에서 살아갈 수 있을지 실험해보기 위해서였다. 전 세계 엑스트로피언과 기술 추종자들은 이와 같은 상식 밖의 시도에 열광했다.

언제 다시 나갈 수 있을까?

최소 1년은 걸릴걸! 갇혀 있는 동안 뭐 하지…

으악… 아직 와이파이도 없는데…

Chapter 6
NBIC* 기술 융합의 선구자들

* 나노기술(Nanotechnology), 생명공학기술(Biotechnology), 정보기술(Information Technology), 인지과학(Cognitive Science)의 앞 글자를 따서 결합한 용어—옮긴이.

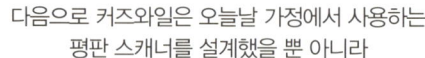

• 5장 참고

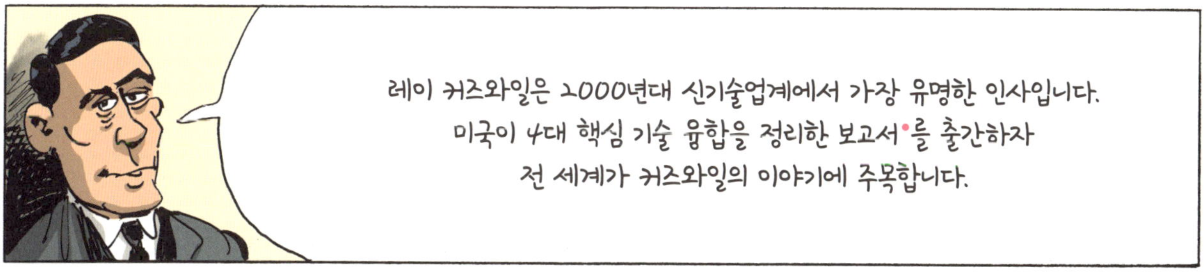

레이 커즈와일은 2000년대 신기술업계에서 가장 유명한 인사입니다. 미국이 4대 핵심 기술 융합을 정리한 보고서•를 출간하자 전 세계가 커즈와일의 이야기에 주목합니다.

두 정부 기관의 의뢰로 작성한 이 보고서에 가장 전도유망한 과학 분야 4가지를 꼽고 전 세계 석학 50명의 연구 상황을 정리했습니다.

여기 4개 분야는 과학이 인류의 가능성을 끝없이 확장한다는 사실을 보여주는 좋은 예입니다. 이 보고서에서 4개 분야가 어떻게 융합할 수 있는지 또한 처음으로 확인할 수 있습니다.

나노기술
원자와 같은 나노미터 크기의 구조를 조작 및 연구

생명공학기술
유전공학과 같이 생물 또는 무생물을 변형 및 연구

미래

정보기술
컴퓨터나 기타 장치로 정보 이동과 저장을 연구

인지과학
사람이나 인공지능이 어떻게 생각할 수 있는지 연구

• 〈나노기술, 생명공학기술, 정보기술, 인지과학: 인간 능력을 개선할 기술 융합〉, 2002년 6월 발행

같은 시기, 레이 커즈와일은 전 세계 트랜스휴머니스트를 사로잡을
'기술 특이점'을 체계적으로 정리해 전파하기 시작했다.

테야르 드 샤르댕이 언급한 오메가 포인트 기억하시나요? 창조주가 될 만큼 모든 것을 깨우친 인간을 초인간이라고 하는데 이 초인간이 도달한 궁극적인 지점이 바로 오메가 포인트입니다.•

특이점은 오메가 포인트와 비슷합니다. 적어도 제 기준에서 말이죠. 사람마다 특이점 정의가 조금씩 다르니까요. 눈부시게 발전한 NBIC 기술로 인간과 기계를 융합한 결과인 궁극의 지성이 세계를 지배하는 날이 올 겁니다.

이 세계에서 육체는 관리가 필요한 옷이나 갈아입기 쉬운 껍데기에 불과합니다.

인류 역사를 뿌리부터 뒤흔들 날이 머지않았습니다. 이번 세기 중반… 아마도 2045년쯤이면?!

• 4장 참고

• 레이 커즈와일이 인터뷰에서 한 말을 인용
•• 1990년대 세계적으로 유행한 자유민주주의 확산 이론

미국 무기 산업이 트랜스휴머니스트 연구에 뛰어든 일도 주목할 만하다.
미국 국방부 고등연구계획국에 새로 문을 연 방위과학실에서 관련 연구가 진행되고 있다.

지금 바이오 하이브리드 연구가 진행 중입니다.
저기 쥐 보이시죠? 연구원이 쥐의 뇌에 전극을 삽입한 뒤
컴퓨터로 쥐를 운동시키고 있습니다.

마이클 골드블랫 방위과학실 책임자

바로 여기서 2050년이 되기 전 위험한 작전에 투입할
더욱 강력한 군인이 등장할 예정입니다.
미군은 고통이나 피로를 모르는 전사로
다시 태어날 겁니다. 베트남 전쟁 때
필요했던 게 바로 이런 거죠.

이런 인간은 더 이상 공상과학소설 속 주인공이
아닙니다. 잠들지 않는 해양 포유동물*과 거미나
새우처럼 딱딱한 외골격을 가진 절지동물을
연구하고 있습니다. 이제 곧 주사 한 방으로
이전과 다른 군인을 만들 수 있을 겁니다.

• 돌고래나 고래는 뇌의 일부가 언제나 깨어 있다.

121

같은 시기 급격한 변화 속에서 엑스트로피언이 트랜스휴머니즘 역사를 이끌고 있었다. 대학 졸업장으로 무장하고 야심으로 똘똘 뭉친 새로운 활동가들은 엑스트로피언 조직을 다지는 과정에서 세계 트랜스휴머니스트 협회*의 발판을 마련했다.

안녕하세요, 스웨덴에서 방금 온 닉 보스트롬입니다. 스톡홀름 예레보리대학 졸업 후 런던 킹스칼리지에서 박사학위를 받았습니다.

안녕하세요, 앤더스 샌드버그입니다. 스톡홀름과 옥스퍼드 출신이죠. 하하!

제임스 휴스입니다. 시카고대학을 졸업했어요.

벤 괴르첼입니다. 템플대학교를 나왔죠. 자, 이제 시작해볼까요.

• 휴머니티플러스의 전신으로 2010년대 트랜스휴머니즘을 주도한 단체 (7장 참고)

철학자이자 옥스퍼드대학교 교수인 닉 보스트롬은 엑스트로피언 운동을 공식적으로 지지하고 트랜스휴머니스트 선언을 발표하며 변화를 주도하는 데 앞장섰다.

좋아요, 다들 모였으니 선언문 8조로 시작해볼까요.

"우리는 누구나 삶의 방식을 선택할 자유를 가질 수 있도록 하는 데 앞장선다. 누구나 자신의 몸과 정신, 기분을 개선하고 바꿀 권리가 있으며 이는 다른 사람이 침범할 수 없는 영역이다. 모두가 수명 연장, 냉동 보관, 정신 전송 기술뿐 아니라 미래에 등장할 다양한 증강 또는 보존 기술을 자유롭게 선택하고 그 가능성을 누릴 권리를 가지고 있음을 선언한다."•

• 2002년 수정 채택된 선언문에서 발췌

수많은 트랜스휴머니스트 중에서 닉 보스트롬은 좀 특별합니다. 보스트롬은 단순히 활동가나 이론가가 아닌 과학철학자로 이 동네에 등장했습니다. 보스트롬은 융합 과학기술 발전 때문에 인류가 생각의 틀을 근본부터 바꿔야 하는 날이 올 수 있다고 기술 공상가에게 경고합니다.

수십 년 이내에 초인공지능이 등장할 겁니다. 이렇게 되면 인간의 인지능력은 기계와 비교 자체가 불가능해집니다.

예를 들어 우리 뇌는 초당 100미터 속도로 정보를 처리하는 반면 컴퓨터는 빛의 속도로 가능하죠! 신경세포 같은 경우도 마찬가지입니다. 신경세포는 200헤르츠, 그러니까 초당 200번 신호를 전달하지만 트랜지스터는 기가헤르츠 단위로 작동합니다…•

그렇다면 앞으로 대체 무슨 일이 벌어지게 될까요?

닉 보스트롬은 머지않아 트랜스휴머니즘에서 등을 돌리게 됩니다. 여기에 관해선 잠시 후 더 살펴보도록 하죠.

• 마크 오코널의 《트랜스휴머니즘》 참조 (167쪽 참고)

그러나 트랜스휴머니스트 상당수는 신기술 덕에 인간이 죽고 사는 문제에서
벗어날 거란 확신을 내려놓지 않았다. 신경과학자 앤더스 샌드버그는 이런 확신을 적극적으로 전파하고
인간 두뇌가 기계와 호환하게 될 거라 예고했다.

슈퍼 두뇌가 우주를 전부 장악할 거라 확신합니다. 이런 임무를 완수하려면 먼저 지적 능력을 무한히 확장해야 합니다.

의식을 확장하는 가장 좋은 방법은 인간의 두뇌를 기계 또는 인공지능과 연결하는 겁니다. 이렇게 하면 영원한 삶 또한 얻을 수 있습니다.

정신 전송 기술은 아직 일상에서 쓰기 어렵지만 두뇌 능력을 향상할 방법은 이미 등장했습니다.

지금 연구가 한창인 생화학 치료법*과 디지털 임플란트가 그 예입니다.

* 두뇌 효율을 높일 수 있는 스마트 드럭이 있다.

몇십 년 안에 정신과 두뇌, 감정을 디지털 기술로 복사할 수 있을 겁니다. 어떻게 진행할지도 이미 다 알고 있죠.

초정밀 의료 로봇을 사용해 뇌 속 화학 구조를 제일 작은 단위로 스캔하고 이 정보를 컴퓨터 코드로 전환하는 날이 곧 올 겁니다.

샌드버그의 주장은 어찌 보면 허무맹랑해 보이지만 트랜스휴머니스트 대부분은 두뇌와 기계를 연결하는 기술을 늦어도 21세기 중반부터 사용할 수 있을 거라 확신한다. 레이 커즈와일은 이 기술을 어떻게 맞이할지 4단계로 나누어 설명했다.

지금부터 당장

1단계: 적절한 식단, 건강 보조제, 건강검진 등으로 노화를 예방할 수 있습니다.

2020년대…

2단계: 생명공학과 유전자 치료가 발달해 질병 대부분을 예방하고 필요한 경우 장기를 재생할 수 있습니다.

급속도로 발전할 2030년대…

3단계: 나노 로봇과 염기서열 분석 덕분에 외과 시술이 사라집니다. 이제 어떤 질환이든 몸 안에서부터 더욱 근본적으로 치료할 수 있습니다.

마지막으로 2040년대…

4단계: 뇌나 의식을 컴퓨터나 인터넷 저장소에 보관할 수 있습니다. 불멸에 가까운 시대가 열리는 거죠.

피터 디아만디스는 엑스트로피언의 숙원 과제인 우주 정복을 꿈꾸며 우주 관광 사업에 앞장선다.

빌리! 자리에 얌전히 좀 앉아 있어! 그러다 또 멀미한다!

하지만 엄마, 여기는 무중력 공간인데요…

살림 이스마일은 실속 있는 미래학자로 유명하다. 이스마일은 돈 있는 고객을 대상으로 서비스 사업을 확장하는 능력이 탁월하다.

잘 들어요. 당신이 만약 한계점까지 사업을 밀고 나가지 않으면 다른 누군가한테 대체당할 거예요.

그러니 지금 움직여야 해요.

Chapter 7
가팜(GAFAM) 파워

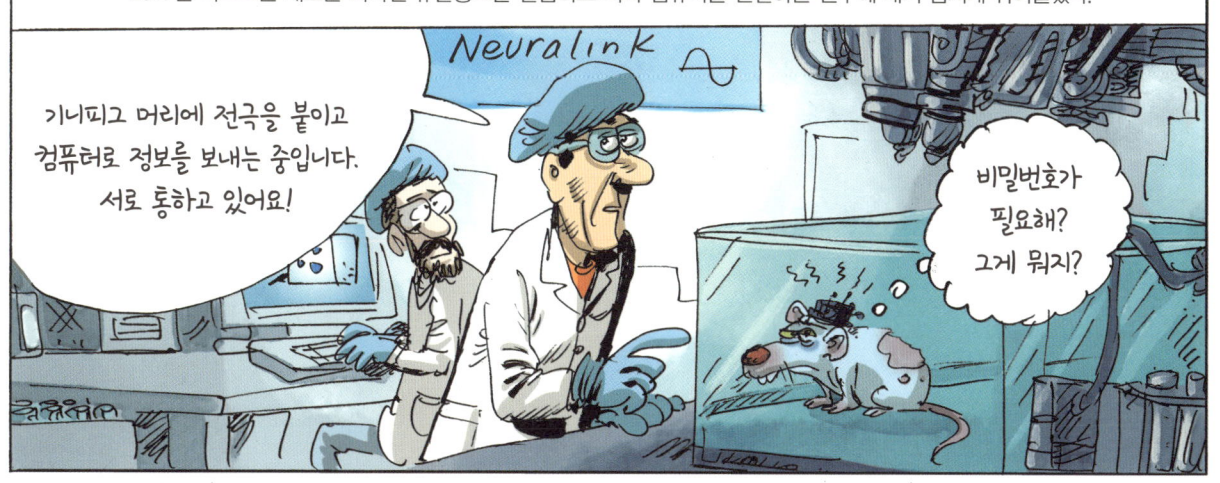

• 머리카락 지름의 약 4분의 1 굵기인 0.004~0.006밀리미터

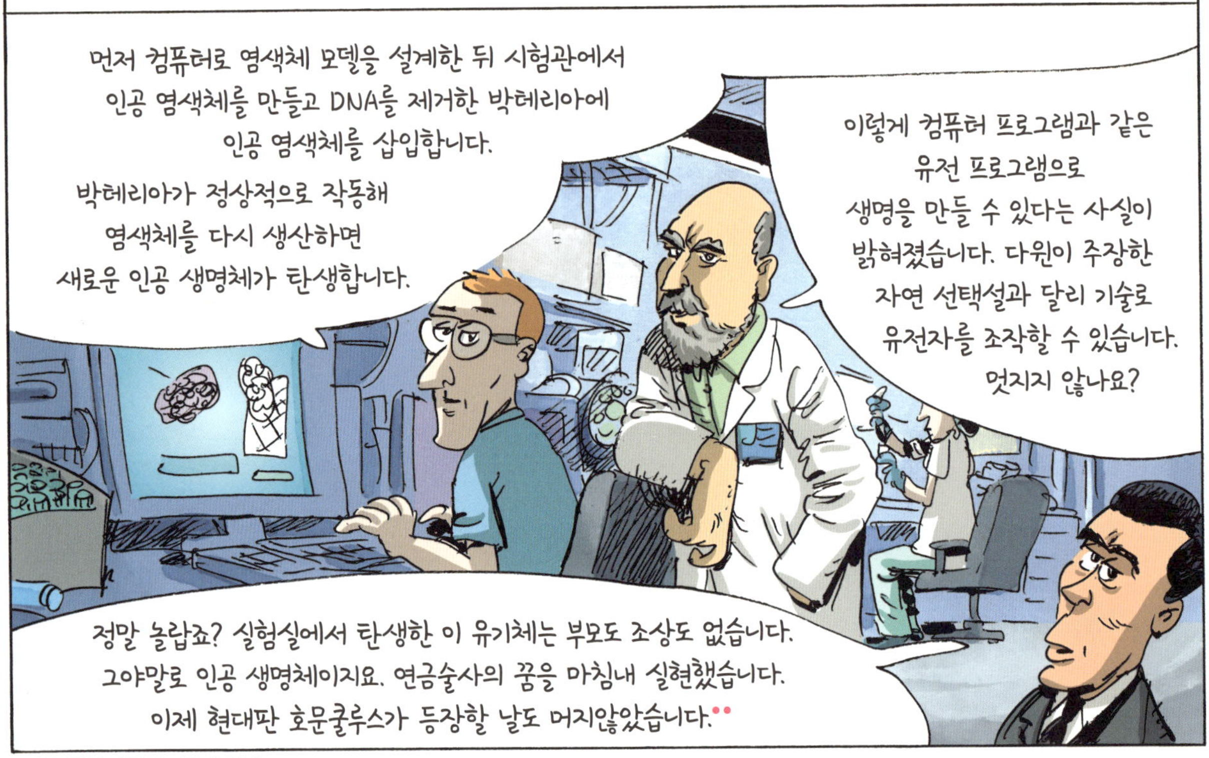

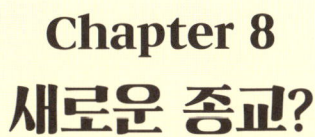

이츠코프는 아바타 프로젝트 2045를 통해 전통적인 개념인 환생을 기술로 실현하고자 했다. 티베트 불교 지도자가 이 프로젝트에 관심을 보인 것은 바로 이 때문이었다.

다음과 같은 단계로 프로젝트를 진행할 예정입니다. 먼저 인간 두뇌가 로봇을 제어하도록 만든 뒤 마지막으로 가상 신체에 인격을 이식할 겁입니다.

순수한 영혼이 가상 신체 속에서 영원히 살아갈 세상이 올 겁니다!

1세대 아바타(2015~2020):
두뇌와 컴퓨터를 연결해 로봇 제어

2세대 아바타(2020~2025):
인간 두뇌를 인공으로 만든 몸에 이식

3세대 아바타(2025~2035):
인간 두뇌를 컴퓨터 두뇌에 이식

4세대 아바타(2035~2045):
인간 두뇌를 나노 로봇이나 홀로그램에 이식

러시아 재벌이 이 황당무계한 계획을 발표하자 전 세계가 들썩였다.

인간이 육체로부터 자유로워지는 22세기에는 환경오염도 사라질 겁니다.

그러니 지구에도 좋은 일이죠!

이츠코프는 러시아의 위대한 사상가 니콜라이 표도로프*의 과학만능주의와 신비주의에 영향을 받아 공상과학소설에 나올 법한 아바타 프로젝트를 구상했다.

"위대한 과학으로 인간은 육체에 주어진 기본적인 한계를 극복할 수 있습니다. 인간은 우주를 지배하며 영원히 살아갈 운명을 갖고 태어났습니다. 이 여정을 함께하기 위해 죽은 사람을 부활시킬 날 또한 가까워지고 있습니다."

• 3장 참고

러시아 '우주론'에 따르면 인간은 새로운 기술을 이용해 삶을 개척하려고 태어났다. 영원한 삶을 간절히 꿈꾸며 이룬 기술 발전으로 가까운 행성으로 이주할 날이 머지않아 올 것이다.

왜 이리 복잡해?

거기 밀지 좀 마세요!

이츠코프는 인간이 새로운 기술을 통해 창조주처럼 완벽하고 전능한 존재가 될 것이라 내다보았다.

우리는 조물주가 될 겁니다. 스스로 신이 되어 신이 만든 작품을 완성할 것입니다.

• 6장 참고

모르몬 트랜스휴머니스트 협회는 기독교의 한 교파로 트랜스휴머니즘의 영향을 받은 종교 집단 가운데 가장 잘 알려져 있다. 현재 이곳을 이끄는 링컨 캐넌은 다음과 같이 말한다.

성경 말씀대로 죽음과 노화는 괴물과 같습니다. 우리가 싸워 이겨야 하는 대상이지요.

21세기에 우리는 이미 주요한 단계에 도달했습니다. 이제 과학 지식을 발견한 데서 만족하지 말고 한 걸음 더 나아가야 할 때입니다.

모르몬교는 인간이 더 높은 곳에서 영광스러운 육체를 가지고 주님의 말씀대로 살 수 있도록 최선을 다하고자 합니다.

인간과 창조주 사이에는 약간의 차이만 있을 뿐입니다. 이제 인간은 스스로 신이 되는 법을 배워야 합니다.

기독 트랜스휴머니스트 협회도 하느님께서 인간이 더 나은 삶을 더 오래 누려야 한다고 말했다고 못 박고 나섰다.

성경에 나온 대로 삶을 풍요롭게 할 임무가 있습니다. 언젠가 로봇이 생명과 의식을 가지게 된다면 로봇에게도 세례를 해주어야 합니다.

할렐루야!

미카 레딩, 책임 목사

세례 받다 녹슬지 않을까?

앞서 살펴본 테야르 드 샤르댕이 제창한 누스피어와 포스트 기독교 이론은 놀랍게도 딱 맞아떨어진다.*

사도 신경 = 트랜스휴머니스트 선언

성직자 = 정보공학자

종말 = 특이점**

구원 = 기술로 구제

부활 = 인체 냉동 보존

기독교 교리와 트랜스휴머니즘 사이의 공통점을 이렇게 쉽게 찾을 수 있답니다.

• 3장 참고
•• 6장 참고

그러나 트랜스휴머니즘을 하나의 일신론으로 보고 그 자체로 새로운 종교라고 주장하는 분파도 있다.

"종교는 인간이 만든 체계입니다. 인간은 의지를 갖고 사회 곳곳의 체계를 끊임없이 개선해왔습니다. 따라서 종교도 마찬가지입니다. … 우리 모두 종교를 혁신하는 데 앞장서봅시다."•

어때, 여보?

괜찮은 것 같은데.

윌리엄 심즈 베인브리지

• 2019년 《윤리와 도덕 신학》 잡지에 기고한 프랑크 다무르의 기사 "트랜스휴머니즘은 종교에 어떻게 스며들었나"에서 인용 (167쪽 참고)

앞에서 살펴본 줄리언 헉슬리는 일찍이 트랜스휴머니즘과 종교의 관계를 지적한 바 있다. 헉슬리는 '트랜스휴머니즘'이란 용어를 만든 장본인이기도 하다.

"과학자이자 철학자로서 저는 새로운 사상이 세상의 빛을 보도록 도울 책임이 있습니다. 새로운 사상은 우생학과 같은 진화론적 인본주의처럼 신과 상관없는 종교가 될 겁니다. 이 세계에 제대로 자리 잡으려면 인간은 자기 손으로 운명을 직접 이끌어야만 합니다."•

이 정도면 어때, 동생?

괜찮은데…

• 프랑크 다무르의 기사 참고

지난 2천 년 동안 엄청나게 다양한 배경과 시대 속 인물들이 방법은 조금씩 다르지만 저마다 영원한 삶을 꿈꾸며 연구를 이어왔다.

이야기를 시작할 때 말한 것처럼 지금까지 우리가 살펴본 트랜스휴머니즘의 역사는 동시에 과학과 종교의 역사이기도 합니다…

우리의 이야기는 여기서 끝나지만 트랜스휴머니즘의 역사는 계속됩니다.

전쟁과 지구온난화, 세계를 휩쓴 전염병 속에서도 트랜스휴머니스트는 인간의 본성을 뛰어넘어 영원히 살 날을 착실히 준비하고 있습니다. 이들은 시대를 앞선 천재일까요, 미치광이일까요? 한 가지 분명한 사실은 이들의 도전은 아직 끝나지 않았다는 겁니다.

참고문헌

- Agnès Rousseaux, Testart Jacques, *Au péril de l'humain*, Seuil, 2018.
- Bernard Joly, *Histoire de l'alchimie*, Vuibert-Adapt, 2013.
- Fabien Benoit, *The Valley: une histoire politique de la Silicon Valley*, Les Arènes, 2019.
- Jacques Lacarrière, *Les Gnostiques*, Métailié, 1991.
- Jean Mariani, Tritsch Danièle, *Ça va pas la tête!*, Belin, 2018.
- Jean-Paul Thomas, *Les Fondements de l'eugénisme*, PUF, 1995.
- Laurent Alexandre, *Et si nous devenions immortels?*, Le Livre de Poche, 2018.
- Laurent Alexandre, *La Défaite du cancer*, JC Lattès, 2014.
- Mark O'Connell, *Aventures chez les transhumanistes*, L'Échappée, 2018. (한국어판: 《트랜스휴머니즘》, 문학동네, 2018)
- Michel Cymes, *Hippocrate aux enfers*, Stock, 2015. (한국어판: 《나쁜 의사들》, 책담, 2015)
- Noam Cohen, *The Know-It-Alls: The Rise of Silicon Valley as a Political Powerhouse and Social Wrecking Ball*, The New Press, 2017.
- Pascal Picq, *Le Nouvel Âge de l'humanité*, Allary Éditions, 2018.
- Roland Hureaux, *Gnose et gnostiques: des origines à nos jours*, Desclée de Brouwer, 2015.
- Rudolf Bultmann, *Le Christianisme primitif dans le cadre des religions antiques*, Payot, 1969.
- Simon Singh, *Histoire des codes secrets*, JC Lattès, 1999. (한국어판: 《비밀의 언어》, 인사이트, 2015)
- Terry Grossman, Ray Kurzweil, *Serons-nous immortels? Oméga 3, nanotechnologies, clonage...*, Dunod, 2006.

참고자료

- Annie Jacobsen, "Engineering Humans for War", *The Atlantic*, 23 septembre 2015.
- Aurelié Damet, "Les automates antiques", *Histoire & Civilisations*, n° 28, 2017.
- Bernard Joly, "Prolonger la vie: les attrayantes promesses des alchimistes", *Astérion* [en ligne], 2011.

- Charles Lenay, "Francis Galton: inné et acquis chez les grands hommes de la Sociétée royale de Londres", *Bulletins et Mémoires de la Société d'Anthropologie de Paris*, nouvelle série, t. 6, fasc. 1-2, 1994.
- Dominique Aubert-Marson, "Sir Francis Galton: le fondateur de l'eugénisme", *Médecine/Sciences*, vol. 25, n° 6-7, juin-juillet 2009.
- Eric W. Pfeiffer, "Ray Kurzweil. The Ultimate Thinking Machine", *Forbes*, 4 juin 1998.
- Fabien Benoit, "Peter Thiel, l'homme qui voulait achever la démocratie", *Usbek & Rica* [en ligne], 17 juillet 2018.
- Fabien Benoit, "Ray Kruzweil, l'homme qui voulait faire revivre son papa", *Les Inrockuptibles* [en ligne], 10 avril 2016.
- Franck Damour, "Le transhumanisme est-il soluble dans la religion ?", *Revue d'éthique et de théologie morale*, n° 302, 2019.
- Hilaire Giron, "L'homme augmenté selon Teilhard de Chardin", *La Croix*, 28 novembre 2018.
- Jacques Lacarriere, "Les Gnostiques, libertaires de l'absolu", *Planète* [en ligne].
- Jean-Louis Schlegel, "Le transhumanisme et Teilhard de Chardin, même combat?", *Esprit*, mars-avril 2017.
- Jean-Yves Nau, "21 mai 2010: et l'homme créa la vie", *Slate*, 21 mai 2010.
- Johannes Niederhauser, "Philosopher John Gray Believes Humanity's Desire for Freedom Is a Lie", *Vice*, 6 avril 2015.
- Kristen Philipkoski, "Ray Kurzweil's Plan: Never Die ", *Wired*, 18 novembre 2002.
- Laurent Alexandre, "Transhumanisme versus bioconservateurs", *Les Tribunes de la santé*, n° 35, 2012.